开心实验

稀奇古怪的邻居

李继勇 著　书魔方 绘

远方出版社

图书在版编目（CIP）数据

开心实验.稀奇古怪的邻居/李继勇著；书魔方绘. -- 呼和浩特：远方出版社，2021.7
ISBN 978-7-5555-1594-4

Ⅰ.①开… Ⅱ.①李…②书… Ⅲ.①科学实验—儿童读物 Ⅳ.①N33-49

中国版本图书馆CIP数据核字(2021)第069610号

开心实验·稀奇古怪的邻居
KAIXIN SHIYAN XIQIGUGUAI DE LINJU

作　　者	李继勇
绘　　图	书魔方
责任编辑	董美鲜
责任校对	心　妍
封面设计	宋双成
版式设计	陈美林
出版发行	远方出版社
社　　址	呼和浩特市乌兰察布东路666号　邮编　010010
电　　话	（0471）2236473总编室　2236460发行部
经　　销	新华书店
印　　刷	北京市松源印刷有限公司
开　　本	165mm×235mm　1/16
字　　数	78千
印　　张	5
版　　次	2021年7月第1版
印　　次	2021年7月第1次印刷
印　　数	1—10000册
标准书号	ISBN 978-7-5555-1594-4
定　　价	16.80元

如发现印装质量问题，请与出版社联系调换

主人公

酷博士： 博学，有智慧，风趣幽默，喜欢小动物。淘气猫经常给他添乱，可他一点儿也不生气，真有大家风范。

淘气猫： 酷博士的宠物猫。它调皮好动，机智聪明，对新鲜事物充满强烈的好奇心和求知欲。

目录

声音是怎么产生的 /1

容器音乐会 /3

会唱歌的白纸 /5

你会"摸"声音吗 /7

用声音灭蜡烛 /9

逃跑的声音 /11

骨头也能听声音 /13

你能看到声音吗 /15

自制电话机 /17

声音托纸盘 /19

被弹回来的声音 /21

气球也能扩音 /23

会变声的铃铛 /25

嚣张的纸杯 /27

自制晴雨花 /29

人造云朵 /31

自制温度计 /33

做个测湿计 /35

天是怎么变黑的 /37

火山爆发 /39

变热了的地球 /41

风从哪儿来 /43

寻找露点 /45

做闪电实验吧 /47

风和温度也有关系 /49

小小气压计 /51

不爱光亮的蚯蚓 /53

植物会倒着长吗 /55

爱花的虫儿 /57

虫子是怎么钻进苹果里的 /59

被误导的蚂蚁 /61

"流血"的花儿 /63

植物是怎样呼吸的 /65

复活的苍蝇 /67

树里的秘密 /69

不用水"洗澡"的鸟 /71

会生根的蛋壳 /73

叶子里都有叶绿素吗 /75

容器音乐会

3个空的大可乐瓶
3个空玻璃杯
1双筷子

奇妙的实验开始了：

1. 往3个可乐瓶里分别注入不同量的水，对着瓶口吹气；
2. 往3个杯子里分别注入不同量的水，用筷子敲打杯口。

会唱歌的白纸

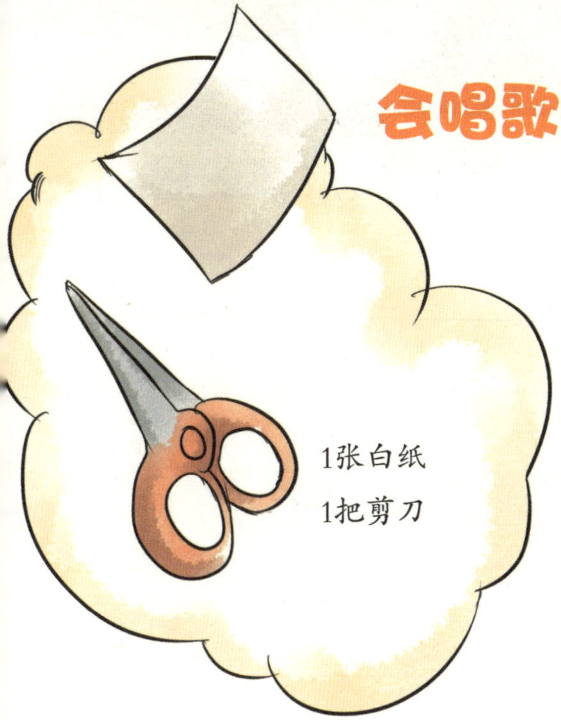

1张白纸
1把剪刀

奇妙的实验开始了：

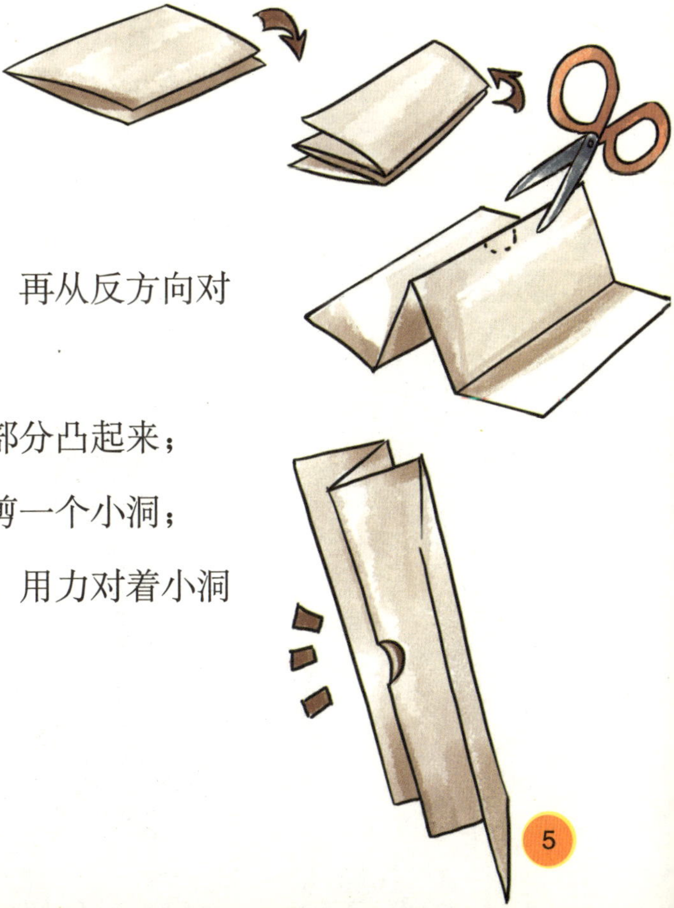

1. 将白纸放在桌上对折，再从反方向对折，形成4个部分；
2. 把纸展开，让中间两部分凸起来；
3. 在凸起的部分用剪刀剪一个小洞；
4. 用食指和中指夹住纸，用力对着小洞吹气。

你会"摸"声音吗

1根1米长的细绳
1把金属勺子

奇妙的实验开始了:

1. 将金属勺子拴在细绳中间,将绳子两端缠到两个食指上,多缠几圈;
2. 使细绳垂下来,让金属勺子落下来;
3. 将两个食指插进耳朵,同时请家长帮忙,用金属勺子碰撞坚硬的物体或墙壁。

用声音灭蜡烛

1张白纸
1个胶棒
1把剪刀
1个打火机
1根蜡烛
1卷透明胶带
1个气球

奇妙的实验开始了：

1. 把纸卷成圆筒，然后把接头处粘起来；
2. 从气球上剪下2块皮，将它们蒙到圆纸筒两端，用胶带粘好；
3. 用剪刀在圆纸筒的中间剪一个小洞；请家长帮忙点燃蜡烛，将小洞对着蜡烛上方；
4. 用力拍打圆纸筒不带小洞的那一面，让它发出声音。

逃跑的声音

1个带盖的玻璃瓶
2个小铃铛
1个打火机
1根细绳
几块纸片

奇妙的实验开始了:

1. 请家长帮忙在瓶盖上钻个小洞,将细绳从小洞中穿过去,并将瓶盖上方的细绳打结,把2个铃铛拴在瓶盖下方的细绳上并打好结;

2. 盖上瓶盖,晃晃瓶子,注意听铃铛撞击瓶壁的声音;

3. 打开瓶盖,请家长点燃纸片并扔进玻璃瓶里,盖上盖子;

4. 纸片燃尽后,晃动玻璃瓶,注意听铃铛撞击瓶壁的声音。

骨头也能听声音

2个小棉花团
1副耳机

奇妙的实验开始了：

1. 将耳朵用棉花团塞住，用指甲轻轻叩桌子；
2. 洗净手，用指甲轻轻叩牙齿；
3. 将耳朵用棉花团塞住，再用手捂住耳朵。请家长帮忙，把耳机的插头接到音响上，再把一个耳塞紧贴头部的骨骼。

你能看到声音吗

1个空罐头盒
1把剪刀
1个气球
1根橡皮筋
1小块碎眼镜片
1个胶棒

奇妙的实验开始了：

1. 请家长帮忙打通罐头盒的两端，剪下一块气球，蒙在罐头盒一端，并用橡皮筋系牢；
2. 用胶棒将小镜片粘到气球皮上；
3. 对着太阳，站在距离墙边三四米的地方，使镜片在墙上投下阳光的反射光点；
4. 对着罐头盒另一端大喊，发出不同的声音。

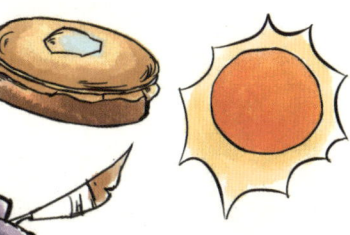

自制电话机

1个矿泉水瓶
1把剪刀
1张砂纸
1张牛皮纸
1张彩纸
1根针
1根粗白线
1卷双面胶
1卷透明胶带

奇妙的实验开始了：

1. 请家长帮忙，用剪刀将矿泉水瓶剪出两个同样大小的圆筒，接着用砂纸打磨圆筒的边缘；

2. 请家长帮忙，用剪刀将牛皮纸剪出两个比圆筒底部大一些的圆，用胶带将这两个圆分别粘在圆筒的一端；

3. 用针在牛皮纸中央扎个小洞，把线穿进去，连起两个圆筒并打好结；

4. 将彩纸粘到圆筒外。

声音托纸盘

1张白纸
1把剪刀
1个喇叭
1个纸盘

奇妙的实验开始了：

1. 请家长帮忙，用白纸做成一个圆筒，大小和喇叭差不多；
2. 将纸圆筒罩在喇叭上，打开喇叭；
3. 将纸盘放在纸圆筒上方。

被弹回来的声音

2个纸筒
1张桌子
1本书
1块手表

奇妙的实验开始了：

1. 把纸筒摆成"八"字形放在桌上，纸筒交接处放一本书；
2. 将手表放在靠近纸筒一端的开口处，一只手捂住一只耳朵，用另一只耳朵听；
3. 拿走书，继续听。

气球也能扩音

1个气球
1根细线

奇妙的实验开始了：

1. 把气球吹起来，并用细线系紧口；
2. 用手指轻轻敲击气球，听听气球发出的声音；
3. 把气球贴到耳边，用手指轻轻敲击气球上离耳朵最远的部位。

会变声的铃铛

1个铃铛
1根木棍

奇妙的实验开始了：

1. 摇动铃铛，倾听铃铛发出的声音；
2. 右手握住铃铛手柄，不要碰到铃身，铃口朝下；另一只手拿着木棍，紧贴铃铛底部，让木棍沿着铃铛底部做圆周运动；
3. 铃铛发出"嗡嗡"声后，移开木棍，再摇动铃铛。

嚣张的纸杯

1个纸杯
1根牙线
1根蜡烛
1根牙签

奇妙的实验开始了:

1. 用牙签在纸杯底部的中心钻一个小洞;
2. 用蜡烛涂抹牙线,然后将牙签拴在牙线上,让牙线穿过纸杯;
3. 一只手拿起纸杯,另一只手用食指和拇指夹住牙线,沿着牙线向下滑动手指。

自制晴雨花

1张粉红色的皱纹纸
1个小花盆
1个碗
1把剪刀
1根细线
高浓度盐水

奇妙的实验开始了：

1. 请家长帮忙，将皱纹纸剪成2个边长15厘米的正方形；

2. 将2个正方形叠在一起，把正方形的一条边向内折2厘米，然后反方向折一次，再反方向折，直到把纸变成一把"小扇子"；

3. 将"小扇子"对折，用细线在中间绑好，再展开皱纹纸，做成一朵花；

4. 在碗里倒入浓盐水，把浓盐水涂在皱纹纸上，然后将纸花插在花盆里，放在室外。

人造云朵

冰块
1袋食盐
1个手电筒
1个大铁罐
1个小铁罐
1支卫生香

奇妙的实验开始了：

1. 把冰块和食盐按照1:3的比例放进大铁罐里，然后将小铁罐放到大铁罐里；

2. 几分钟后，对着点燃的香头吹气，把烟雾吹入小铁罐；

3. 打开手电筒，将光线对准小铁罐。

自制温度计

1个窄口的玻璃瓶
1块橡皮泥
1根透明吸管
水
墨水
1支记号笔

奇妙的实验开始了:

1. 往瓶中倒入占瓶高3/4的水,再滴入几滴墨水,摇匀;

2. 将吸管插入瓶中,再用橡皮泥封住瓶口,用嘴含住吸管轻轻地吸;

3. 当吸管中的水上升到超过瓶口时,做个记号,这样就做成了一个简易温度计;

4. 把温度计放在有温度差异的地方,观察吸管中的水位。

做个测湿计

水
1个硬纸饮料盒
1根橡皮筋
1根细线
1块棉布
1把剪刀
2支温度计

奇妙的实验开始了：

1. 把2支温度计放在同一个地方，让它们保持同样的温度；

2. 用棉布将一支温度计的玻璃泡包好，用细线绑紧，留下一小段棉布；

3. 用橡皮筋将2支温度计分别绑在饮料盒两侧，在有棉布的温度计那侧的饮料盒壁上剪个小洞；

4. 将温度计上留下的棉布塞进小洞里，在饮料盒里加水，直到水面处于小洞处。

天是怎么变黑的

1个手电筒
1件深色衬衫

奇妙的实验开始了：

1. 晚上，穿深色衬衫，将手电筒打开放在桌上，关掉屋里的灯；
2. 在离手电筒30厘米处站好，并面对它；
3. 让手电筒照射衬衫的正面，观察光的强度；
4. 一边向左转，一边观察衬衫正面光线的变化。

火山爆发

1个大碗
1个玻璃瓶
热水
冷水
1支毛笔
红色的水彩颜料

奇妙的实验开始了：

1. 往大碗里倒入大半碗冷水，往玻璃瓶里倒入一瓶热水；

2. 用毛笔蘸一些红色颜料，滴入玻璃瓶里；

3. 将玻璃瓶迅速放到大碗里。

变热了的地球

2个玻璃杯
1个塑料袋
冰块
1瓶水

奇妙的实验开始了：

1. 往2个玻璃杯里倒入同样多的水，放入同样多的冰块；
2. 给一个玻璃杯套上塑料袋，系紧袋口；
3. 将2个玻璃杯放到阳光下，一个小时后拿掉塑料袋。

酷博士： 套了塑料袋的玻璃杯里，冰块化得更多，这是怎么回事呢？

淘气猫： 酷博士欺负人，明知道我答不出来。

酷博士： 哈哈，酷博士就是想考考淘气猫。告诉你吧，这个玻璃杯套上塑料袋后，杯子吸收的太阳的热度散发不出去，杯子里的温度就会越来越高，冰块也就更容易融化了。现在地球上的二氧化碳越来越多，就像是给地球加了个塑料袋，地球的热气散发不出去，所以地球也就越来越热啦。

风从哪儿来

1只手表
1盏带灯泡的台灯
1瓶婴儿爽身粉

奇妙的实验开始了：

1. 打开台灯，5分钟后，关掉台灯；
2. 迅速在灯泡上撒点爽身粉。

寻找露点

1个空的铁皮罐头盒
1支温度计
冰块
1把勺子
温水

奇妙的实验开始了：

1. 往罐头盒里加入大半盒温水，再把温度计放进去；
2. 往罐头盒里加冰块，用勺子轻轻搅拌，直到罐头盒外壁出现一层小水珠；
3. 观察出现水珠时温度计的读数。

做闪电实验吧

1双羊毛手套

2个气球

1根细绳

奇妙的实验开始了：

1. 将2个气球吹起来，并用细绳系紧；
2. 将1个气球靠在光滑的墙上摩擦几下，用羊毛手套在另一个气球上摩擦几下；
3. 把2个气球拿到黑暗的屋里，让它们慢慢靠近。

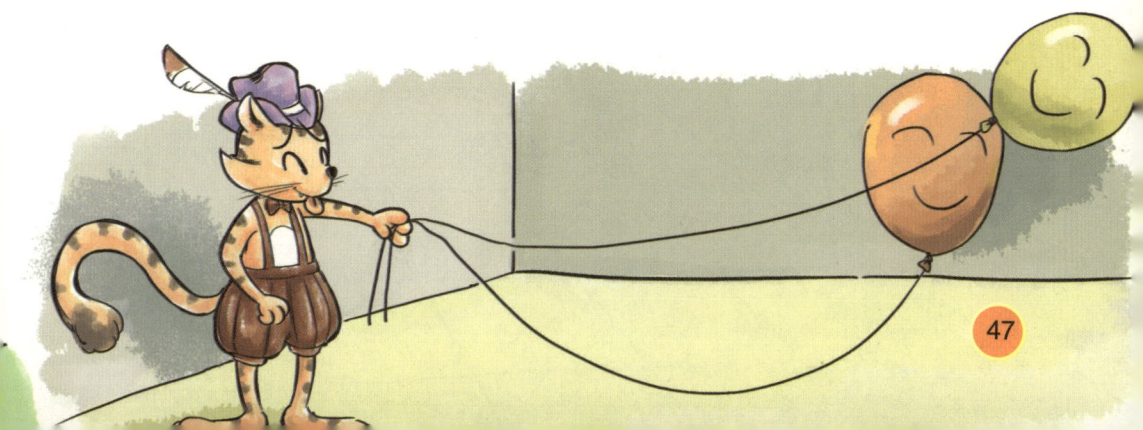

风和温度也有关系

2支温度计
1个笔记本
1支笔

奇妙的实验开始了:

1. 将温度计拿到室外,一支放在迎风的地方,一支放在背风的地方;
2. 10分钟后,观察2支温度计的读数,并用笔记录在笔记本上。

小小气压计

1个空可乐瓶　　1把剪刀
1个空鱼缸　　　1把尺子
1支笔　　　　　1个笔记本
纸条　　　　　　水

奇妙的实验开始了：

1. 请家长帮忙，往鱼缸里倒入半缸水，再用剪刀剪掉可乐瓶的瓶底；

2. 拧紧瓶盖，将瓶子倒立，往里面倒水，再反过来扣在鱼缸里，确保瓶里的水位高于鱼缸里的水位，并且在瓶里的水位处做个记号；

3. 用尺子在纸条上画好刻度，每段刻度为0.3厘米，并把纸条贴在瓶子上，将可乐瓶的水位定为0；

4. 每天观察水位，做好记录，与实际天气做对比。

淘气猫： 瓶里的水位每天都在变化。这到底说明了什么呢？

酷博士： 说明瓶里的水位会随着外界气压的变化而变化。当外界气压升高时，鱼缸里的水就会被压进瓶里，使瓶里的水位升高，这说明外面是好天气；当外界气压降低时，瓶里的水位就会下降，这说明气温在下降。如果瓶里的水位没有太大变化，就说明天气比较稳定。

不爱光亮的蚯蚓

1个鞋盒
1盏台灯
蚯蚓
1把剪刀
泥土
1把小铁铲

奇妙的实验开始了：

1. 请家长帮忙，将鞋盒盖剪掉1/3，用铁铲把泥土铺在鞋盒底部，把蚯蚓放在鞋盒盖的开口附近，再盖上盖子；

2. 将台灯打开，并使光直接照着鞋盒上方；20分钟后，拿走鞋盒盖。

淘气猫： 蚯蚓被你放跑了吗？

酷博士： 没有。它们躲起来了。因为蚯蚓不喜欢光亮，只要它们的神经系统感受到光线，就会马上躲开。因此，蚯蚓总是躲在土壤里，不会轻易跑出来。

植物会倒着长吗

几粒花生米
3个花盆

奇妙的实验开始了：

1. 在3个花盆里各种几粒花生米，浇水，放到温暖的、能照到阳光的地方；
2. 种子发芽后，将其中2个花盆放倒，一盆朝向阳光，一盆背向阳光，继续浇水；
3. 一段时间后，观察小芽的生长方向。

爱花的虫儿

奇妙的实验开始了：

1. 找一处花园，观察里面的花以及不时停留在花上的昆虫，比如蝴蝶、蜜蜂等；
2. 观察红花上都有哪些昆虫停留。

淘气猫： 为什么只有蝴蝶飞到这朵红花上来呢？难道其他昆虫都不喜欢红花吗？

酷博士： 这倒不是，一般昆虫不能识别红色，但是蝴蝶认识红色。深色的花大都长在比较暗的环境里，昆虫很难发现它们，也就没法帮它们授粉，所以大自然中深色的花越来越少，而白色、黄色等浅色花则越来越多。

虫子是怎么钻进苹果里的

1把水果刀
1个生虫的苹果

奇妙的实验开始了：

1. 请家长帮忙找一个生了虫的苹果，并把苹果切开；
2. 你会发现，苹果核或者苹果籽已经坏了，一条小虫子就在苹果里。

被误导的蚂蚁

面包渣
蚂蚁

奇妙的实验开始了：

1. 带上面包渣，找一个蚂蚁穴；
2. 在蚂蚁穴旁边撒上面包渣；
3. 蚂蚁出来时，就会运走面包渣；
4. 用手指在蚂蚁队伍中画一条线。

"流血"的花儿

1朵白色的花
1瓶红墨水
1把剪刀

奇妙的实验开始了：

1. 将白花放进红墨水里，两天后，当花儿变色了，就取出来；
2. 等花茎不再滴水时，用剪刀剪去一截花茎，再观察花茎。

2天后

植物是怎样呼吸的

1株绿色植物
1瓶凡士林

奇妙的实验开始了：

1. 从绿色植物上选2片叶子，在叶子的正面涂一层凡士林；
2. 再选2片叶子，在叶子的背面涂一层凡士林；
3. 10天后，观察这4片叶子有什么不同。

10天后

复活的苍蝇

1只苍蝇
食盐
1个空瓶子
1张废报纸

奇妙的实验开始了：

1. 请家长帮忙捉一只苍蝇，把苍蝇放到装满水的瓶子里；
2. 几分钟后，打开瓶子，取出苍蝇，放到废报纸上；
3. 用食盐将苍蝇埋起来，20分钟后，观察苍蝇。

不用水"洗澡"的鸟

奇妙的实验开始了：

1. 和家长一起去动物园，观察鸟类是怎么洗澡的；
2. 有些海洋里的鸟会直接在海水里洗澡，而有些陆地上的鸟却在沙子里打滚，这是怎么回事？

会生根的蛋壳

1个玻璃杯
1个鸡蛋壳
2粒花种
少许土

奇妙的实验开始了：

1. 洗净蛋壳，在里面放一点湿土；
2. 往玻璃杯里倒入半杯清水，把花种放到杯里；
3. 第二天，取出花种并埋在蛋壳中的湿土里，用玻璃杯罩上，放到有阳光的地方；
4. 5天后，观察蛋壳。

叶子里都有叶绿素吗

1瓶酒精
2片绿叶
2片红叶
1个铁碗
1个大一点的铁盆

奇妙的实验开始了：

1. 请家长帮忙，先在铁盆里加入热水，然后将绿叶放进装有凉水的铁碗里，并将铁碗放进铁盆里加热；
2. 倒掉铁碗里的水，换成酒精，继续加热，绿叶变白了，酒精变成了绿色；
3. 将绿叶换成红叶，继续做上面的实验。